古生物传奇系列⑤

副栉龙小号手

李宏蕾　邢立达◎主编　［德］亨德里克·克莱因◎科学顾问　新曦雨◎绘

吉林科学技术出版社

扫一扫

副栉龙 见解说 2

让我们穿越到7500万年以前，去看看白垩纪晚期的北美洲，那里有各种各样的恐龙，它们自由自在地生活在这里。

一大群副栉龙不远千里来到这片茂密的森林，它们在安静的河畔浅滩上建起了巢穴，准备在这里养育自己的宝宝。

“笃，笃笃”，咦，一只蛋在晃动呢！裂开了，裂开了！

裂缝越来越大，一只小脑袋从蛋里冒了出来。其他的蛋宝宝也着急了，接二连三地开始摇晃，蛋里的小宝宝们用力地敲击着蛋壳，在宝宝们的不断努力下，从蛋壳里冒出了一个又一个小脑袋。一群小副栉龙破壳而出了！

扫一扫

还记得第一只出生的小副栉龙吗？它的名字叫塔塔。

塔塔奋力钻出蛋壳的时候，一片黑影从它的头上一下子掠了过去。“咦，什么东西？好大啊！”原来是在塔塔出壳的瞬间，刚好有一只非常非常大的风神翼龙飞过来，挡住了塔塔向上看的视线，等它飞过去，塔塔才看清这美丽的天空。

每天，塔塔最期待的就是听到妈妈熟悉的叫声，因为听到叫声就说明妈妈带好吃的回来啦！塔塔每次吃妈妈带回来的食物时，都欢天喜地的，它觉得太美味了，虽然肚子已经吃得鼓鼓的，但还在不停地吃。

塔塔对一切事物都充满了好奇心，一会儿仰着头叫着“哎哟，大怪兽又飞过来啦！”一会儿盯着沙沙作响的树叶疑惑，“哎哟，树叶还会唱歌呢？”一会儿又偷偷跑出巢穴，追着一只小昆虫叫唤着：“虫儿，虫儿，等等我啊！”总之它就是一刻也停不下来，精力特别旺盛。

要是它跑得太远，妈妈就会很生气地用头上那个长长的头冠发出传得很远的声音，呼唤它赶快回到巢穴里去。正是由于副栉龙拥有可以发出声响的头冠，所以也就有了“小号手”的别称。

经过一段时间的成长，小副栉龙们现在可以自己在巢穴周围寻找食物了。

其他兄弟姐妹都不敢离妈妈太远，但是塔塔这个好奇宝宝可不一样，塔塔天天盼着长大，盼着可以自己出去找食物，这可是一个探索新世界的好机会！听妈妈说住在这里的邻居可多了，一定会很有趣的！

尖角龙 见解说7

小河的对面住着一群尖角龙，它们是一种四足行走的恐龙，长着胖墩墩的身体，四肢非常健壮。塔塔经常偷偷跑到灌木丛下面去看它们，它对尖角龙们巨大的头盾和鼻子上那根长长的尖角非常感兴趣，因为它们长得和自己一点儿都不一样，看起来好威风哦。

妈妈总是告诉塔塔，“出去玩儿一定要小心，我们可没有能保护自己的武器。”但塔塔却不以为然。

塔塔正躲在树丛下偷看尖角龙群，一只小尖角龙无意中发现了它。

小尖角龙眨着一双疑惑的眼睛好奇地凑过来，试探着嗅了嗅藏在树丛里的塔塔。塔塔也好奇地看着它，小心翼翼地从藏身的地方走了出来，心里既紧张又兴奋，偷看这么久，但这还是它第一次离尖角龙这么近呢。

小尖角龙好像很开心，蹦蹦跳跳地围着塔塔绕了一圈。于是塔塔也不紧张了，朝小尖角龙叫了几声表示友好。

两只小家伙成了好朋友，正玩得不亦乐乎，突然不远处的树丛剧烈地抖动起来。

可能有危险！塔塔吓得惊慌失措。它跑得太远了，不知道如果危险来了，妈妈能不能赶得及来救它。

尖角龙们听到声音也警惕起来，纷纷停止进食，紧张地盯着那片抖动的树丛。成年的尖角龙迅速调整位置，做好应对敌人的准备。那只刚刚和塔塔成为朋友的小尖角龙也被它的妈妈叫回身边去了。

过了一会儿，一只小蜥蜴从树丛里钻了出来。跟着它跑出来的，是一只小小的伤齿龙。

伤齿龙 见解说 10

塔塔躲在一旁，伸长了脖子，瞪大了眼睛，看着伤齿龙越跑越远，最后终于抓住了那只小蜥蜴，三下两下吞进肚子里，然后就扭头走掉了。塔塔松了口气，见小伙伴已经回到妈妈身边，就决定去别处转转。

离尖角龙群不远的地方住着一只包头龙，塔塔决定独自去看看。

惧龙 见解说 12

塔塔蹦蹦跳跳，慢悠悠地边走边玩，心情大好，完全忘了刚才的紧张。突然，从身后又传来一声震耳欲聋的咆哮。

尖角龙群顿时乱成一团。

塔塔一惊，立刻回头看过去，只见一只惧龙从树丛里跑了出来！可怕的惧龙有着锋利的牙齿和巨大的嘴巴，是所有住在浅滩上的植食性恐龙的噩梦。

妈妈嘱咐过塔塔许多次，遇到了危险，一定要快跑！

可塔塔已经吓呆了，它可从没见过这么可怕的恐龙，吓得双腿瘫软，只能傻傻地站在原地，瑟瑟发抖。

尖角龙们根本没法顾及这个可怜的小家伙儿，它们正努力抵御敌人，拼命用头盾和尖角来保护自己和宝宝。

凶恶的惧龙尝试了几次，也没能成功地捕捉到小尖角龙。于是它停下来晃了晃脑袋，恰巧发现了一旁落单的塔塔。

一只落单的小副栉龙可要比一群成年尖角龙好对付多了。惧龙心里暗喜，朝着塔塔跑了过去。

包头龙 见解说 16

你以为塔塔就会这么轻易地成为惧龙的盘中餐吗？塔塔可是一只机灵勇敢的小恐龙。它一看到凶恶的惧龙朝自己扑了过来，顾不及发抖了，拔腿就朝包头龙的方向跑去。它觉得包头龙很健壮，一定能帮助它的！

扫一扫

此时的包头龙正在安逸地享用着柔软多汁的果子，惧龙沉重的脚步声惊动了它。它回头一看，可怜的塔塔正拼命地朝它跑来，后面还跟着凶恶的惧龙。

塔塔边跑边呼救：“救命啊，救命啊，妈妈快来救我啊！”

包头龙可有点儿生气，心想：“这个小家伙遇到危险怎么往我这里跑呢？真是麻烦！”

不过它一点儿都不害怕，包头龙浑身上下可都穿着厚厚的带有尖刺的盔甲，就连眼皮上都有骨板的保护。而且，它的尾巴上还长着一个巨大的棒槌！这可是它最好用的武器。

有了这个棒槌尾巴，就算是惧龙，也不是它的对手！

塔塔一路拼命地奔跑，终于跑到了包头龙的身边，然后迅速地躲到了包头龙的身后。

惧龙却一下子停住了脚步，它可要想一想了，在包头龙的地盘上去追一只小小的副栉龙，这会不会不太值得呢？

可包头龙才不给惧龙思考的时间呢，它用力挥起自己的尾巴，大棒槌一下子就砸在了惧龙的腿上。

这一击可是威力十足！惧龙哀嚎一声，它哪里还敢撒野，连忙拖着受伤的后腿，一瘸一拐地逃跑了。

这下塔塔终于安全了，它从藏身的灌木丛里露出小脑袋，朝着包头龙“咿呀咿呀”唱歌似的表示感谢，包头龙看着这可爱的小东西，哪还舍得生它的气呢。

我们的小号手当然不会因为遇到的这些危险就停下它的冒险之旅。

当塔塔的高音号角变得低沉之后，它就会成为一只成年副栉龙。相信那时的塔塔有足够的能力带领着族群找到更加安全，食物更加充足的栖息地。

《副栉龙小号手》解说

1 在白垩纪晚期，地球气温开始升高。森林中除了裸子植物和蕨类植物外，被子植物开始大肆生长，并且逐渐占据了统治地位。随着开花植物的出现，依靠花粉、果实等生存的动物，如昆虫和鸟类等开始出现并快速繁衍，形成了新的生态系统。

2 副栉龙也叫副龙栉龙，是一种生活在白垩纪晚期的北美洲的大型鸟臀类植食性恐龙。在体型方面，副栉龙的前肢比其他鸭嘴龙科要短，并拥有较宽的肩胛骨。通常副栉龙用后足行走及奔跑，但在觅食时仍旧能够通过四足方式行走。

3 副栉龙是鸭嘴龙科的一员，嘴部为该科普遍拥有的较为扁平的喙状嘴，在嘴里长有数百颗不断生长的牙齿。在对副栉龙头骨化石的研究分析中，人们发现这种恐龙的颌部构造较为复杂，能够通过咀嚼来磨碎食物。这样一来，副栉龙就能够更加容易地适应白垩纪时期的针叶植物。

4 副栉龙的头部冠饰与头骨连接，由延长的上颚骨及鼻骨组成。这个头冠内部中空，有一个从鼻孔至冠饰末端再绕回头部后方进入头骨内部的细管。人们在化石研究中发现，不同种类的副栉龙冠饰内管复杂程度不同，沃克氏副栉龙拥有最简单的冠饰内管，而小号手副栉龙的冠饰内管则相互交错。

5 副栉龙头顶突出的冠饰提供了额外的皮肤表面用以散热，同时古生物学家也发现，在这些冠饰上长有复杂的血管，这证明了冠饰也具有调节体温的功能，能够用来调节脑部温度。这个研究理论于1978年首次提出，并成了副栉龙冠饰演化的原始因素之一。

白垩纪晚期：

副栉龙

风神翼龙

尖角龙

伤齿龙

惧龙

包头龙

6 在对白垩纪晚期地层的统计研究中，古生物学家们发现沃克氏副栉龙所在的加拿大艾伯塔省的恐龙公园组地层为河流与平原之间的低洼地带，很可能是沼泽。而发现于美国新墨西哥州的小号手副栉龙与短冠副栉龙，则生活在河流泛滥的平原。因此副栉龙或许与其他鸭嘴龙类的近亲相同，在居住地的选择上比较倾向于邻近水源和针叶林的地方。

7 尖角龙，顾名思义，就是头上长有尖角的恐龙，属于鸟臀类的一种四足恐龙。这类恐龙拥有巨大的颈盾，在颈盾边缘长有一圈小角，顶部长有两根向下的弯角，同时拥有两根不明显的额角和一根弯曲的鼻角。有趣的是，尖角龙的名字来源是其头盾周围的那些小角，而不是鼻部细长明显的长角。

8 在对副栉龙头骨的研究中，大多数研究人员认为副栉龙的头冠是一种辅助发声器官。不同种类、不同性别、不同年龄段的副栉龙，能够通过冠饰内管道发出不同频率的声音，除了用来发出警报外，这些声音还可以辅助交流或作为其他用途。

9 尖角龙作为角龙科恐龙的一员，与其他角龙科近亲一样有着粗壮的身体、坚实的四肢和同现代鹦鹉一样的喙状嘴。因此在食物选择方面，尖角龙被认为同其他近亲一样，倾向于矮小的苏铁科植物，它们附着着巨大肌肉的颌部能够提供极强的咬合能力，从而切断坚硬的植物。

10 伤齿龙是一种小型兽脚类恐龙，这类恐龙身材纤细，仅有2米长，约1米高。伤齿龙的四肢修长，被认为能够快速奔跑，极适合捕食一些小型哺乳类及蜥蜴之类的动物。武器方面，伤齿龙拥有可回缩的镰刀状趾爪和满口细小且尖利的牙齿，这些都能够充分证明伤齿龙是货真价实的肉食者。

11 伤齿龙的眼部较大，位于头骨靠前的位置，研究人员认为伤齿龙应具有夜视能力。此外，在对其头骨化石的研究中发现，伤齿龙应当拥有类似于现代鸵鸟的脑囊，因此伤齿龙应属于已知所有恐龙中脑容量最大，最聪明的恐龙之一，甚至一度引发了“恐人学说”。

12 惧龙又名达斯布雷龙，是一种大型兽脚类肉食性恐龙，最大成年体可达10米长，仅头部就有1.1米长。与其他暴龙科相同，惧龙拥有该科恐龙的一般特征：头部巨大、后肢强壮、前肢短小且几乎退化、尾部粗长等。根据对化石的研究表明，惧龙或许不具有群居习性，只在迁徙时偶尔有少量同伴。

13 在对尖角龙头部化石的研究中，研究人员发现它们的头部重量过大，会对颈部和肩部造成较大的压力。此外尖角龙的头盾较薄，在抵抗掠食动物时可能比较弱，因此尖角龙的角被认为是用来进行族群内打斗，以及充当视觉展示物。在抵御掠食者方面，尖角龙或许与三角龙相似，采用戳刺的方式对掠食者进行威吓。

14 通过对惧龙头骨化石的研究发现，惧龙的头骨构造主要偏向于提高头颈部位的坚固性，包括愈合的鼻骨和眼眶前的巨大孔洞，这些构造都能够有效地减轻头部重量并增加头颈部位的强度。惧龙的牙齿与一般暴龙科相同，横切面为椭圆形，这些牙齿的作用更多是为了增强咬合力，而不是用于切割。

15 惧龙与暴龙相似，拥有巨大的头部和短小的前肢。但不同的是，惧龙的身体更为粗壮，更加有力的后腿能够承受短距离的奔跑。不仅如此，惧龙肌肉发达的后腿为其提供了极强的爆发力，使其能够在短距离内快速奔跑，以此追捕猎物。

16 包头龙是甲龙科中体形最大的恐龙之一，与现代体形较小的象类相仿。这类恐龙最大的特点就是背部从头颈到尾部末端覆盖着厚重的盔甲，并长有尖利的骨刺。通过对包头龙头骨化石的研究表明，与其庞大身躯不符的是，包头龙的头骨呈厚而扁平的三角形，脑部空间极小，因此包头龙绝不会是聪慧机灵的恐龙。

17 在对包头龙化石骨架的重组中，研究人员发现，包头龙的身体低矮扁平，四肢短小，因全身覆盖在骨板下而导致身体僵硬，所以认为包头龙无法采食到较高的植物。同时发现包头龙口部生有角质喙，口中长有很小的钉状牙齿，由此判断包头龙应以低矮的开花植物、柔软的蕨类以及植物块茎为食。

18 在对同时期植食性恐龙骨骼化石的研究中，人们发现包头龙所在的甲龙科骨骼上几乎没有肉食性恐龙的咬痕，这就要归功于它这身由骨板和骨刺组成的防御装备。对于当时的肉食性恐龙来说，若要捕食包头龙，就必须在避开其尾部锤击的同时将它翻倒，这项任务的难度或许让掠食者们打消了捕食包头龙的想法。

19 除了全身的防御装备外，包头龙与剑龙一样选择将致命性武器放在尾部。在对包头龙化石的重建中，研究人员发现包头龙的尾部末端连接着一个棒槌状的骨节，并包裹着发达的肌肉组织。在挥动尾部时，这个巨大的棒槌能够对其击中的掠食者造成极严重的伤害。

20 在副栉龙骨骼重建的实验中，研究人员同时发现副栉龙能够通过控制鼻部来发出不同声音，并认为年幼体声音更为尖细，成年体则稍微低沉一些。因此，副栉龙被认为可以通过其发出的声音来判断这只副栉龙是否成年。

副栉龙骨骼

1 会发声的头冠

副栉龙的头顶上长有标志性的头冠，这个头饰不只是它们同类间用来相认的标志，还可以发出声音。它内部中空，从鼻孔一直延伸到头冠末端，可以通过空气的振动来发出声音。

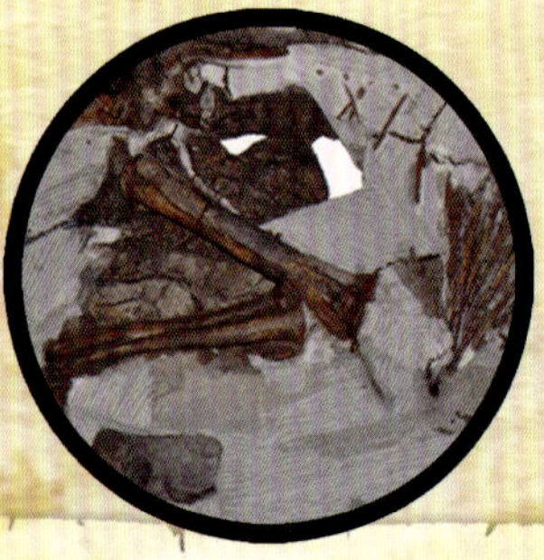

鸭嘴龙类恐龙

1858年，第一个完整的鸭嘴龙化石在北美洲被发现。鸭嘴龙生活在白垩纪时期的世界各地，这类恐龙是白垩纪时期最主要的植食性恐龙类群。我们的副栉龙也属于这一类恐龙中的一员。

中文名称：副栉龙
名称含义：有冠饰的蜥蜴
分　　类：鸭嘴龙科
食　　性：植食性
身　　长：10~12米
生存时期：白垩纪晚期
生活区域：北美洲

副栉龙的发现

在1920年，一个大学的野外考察队在加拿大亚伯达省红鹿河畔的桑德河附近发现了副栉龙的标本。该标本除了膝盖以下的后肢和大部分的尾巴以外都完好地保存了下来。后来，它被命名为沃克氏副栉龙。

2 副栉龙如何行走?

副栉龙与大部分鸭嘴龙类一样，都能够采用两足或四足的行走方式。而当它们遇到危险的时候，就只用两条后腿快速地奔跑。

副栉龙的化石

第一件被发现的副栉龙化石的背部有个V字形的缺口。它的形成原因目前还不明确。有些学者认为这个缺口可能是头冠长期接触背部而形成的病理结构。也许有了这个缺口副栉龙抬头时会更舒服。

图书在版编目（CIP）数据

副栉龙小号手 / 李宏蕾，邢立达主编 ； 新曦雨绘
. -- 长春 ： 吉林科学技术出版社，2018.6
（古生物传奇系列）
ISBN 978-7-5578-3624-5

Ⅰ. ①副… Ⅱ. ①李… ②邢… ③新… Ⅲ. ①恐龙－
儿童读物 Ⅳ. ①Q915.864-49

中国版本图书馆 CIP 数据核字（2018）第 056980 号

副栉龙小号手 FUZHILONG XIAOHAOSHOU

主　　编　李宏蕾　邢立达
科学顾问　［德］亨德里克·克莱因
　　　绘　新曦雨
出 版 人　李　梁
责任编辑　朱　萌
封面设计　吉林省凯帝动画科技有限公司
制　　版　吉林省凯帝动画科技有限公司
全案执行　长春新曦雨文化产业有限公司
美术设计　孙　铭　徐　波　刘　伟
数字美术　李红伟　李　阳　贺媛媛　马俊德　周　丽　付慧娟　王梓豫　边宏斌
　　　　　张　博　贺立群　宋芳芳　王　欣　姜　珊
文案编写　惠俊博　张蒙琦　辛　欣　王牧原

开　　本　787 mm×1092 mm　1/16
字　　数　50 千字
印　　张　3
印　　数　1-10 000 册
版　　次　2018 年 6 月第 1 版
印　　次　2018 年 6 月第 1 次印刷
出　　版　吉林科学技术出版社
发　　行　吉林科学技术出版社
地　　址　长春市人民大街 4646 号
邮　　编　130021
发行部电话 / 传真　0431-85652585　85635177　85651759
　　　　　　　　　85651628　85635176
储运部电话　0431-86059116
编辑部电话　0431-85659498
网　　址　www.jlstp.net
印　　刷　吉广控股有限公司
书　　号　ISBN 978-7-5578-3624-5
定　　价　26.80 元

正版验证激活

打开 App 应用，扫描激活码激活设备。

扫描

激活码

特别提示：

1. 新设备首次使用本 App，需要重新扫描激活码进行正版验证激活。
2. 一个激活码可激活 7 次 App，请妥善保存好激活码。